コロナと誘導障害

埴野　一郎　著

「d-book」シリーズ

http：//euclid.d-book.co.jp/

電気書院

目次

1 空気の破裂極限電位の傾き　1

2 コロナ臨界電圧
2・1　3相平衡状態におけるコロナ臨界電圧 …………………… 2
2・2　3相送電線路における1線地絡時の電位の傾き …………………… 4

3 複導体送電線路のコロナ　6

4 コロナによる電力損
4・1　単導体のコロナ損計算式 …………………… 7
4・2　複導体のコロナ損 …………………… 8

5 コロナによる各種の障害
5・1　中性点接地方式とコロナ …………………… 10
5・2　コロナ雑音 …………………… 10
5・3　コロナ雑音の防止 …………………… 12

6 電磁および静電誘導の原理　13

7 電磁誘導電圧の実験式　15

8 平均起誘導電流の算出と相互インダクタンス　16

9 静電誘導電圧　17

10 中性点接地方式と誘導障害の関係
10・1　非接地方式 …………………… 19

10・2	消弧リアクトル接地方式 …………………………………	19
10・3	抵抗接地方式 ………………………………………………	20
10・4	直接接地方式 ………………………………………………	21

11　その他の誘導障害　　　　　　　　　　　　　　　　　　22

　　(1)　交流電気鉄道……………………………………………………22
　　(2)　サイリスタ整流器からの高調波電流……………………………22

12　誘導障害防止対策の概要と許容誘導電圧　　　　　　　23

13　遮へい線による誘導障害の軽減　　　　　　　　　　　24

演習問題　　　　　　　　　　　　　　　　　　　　　　　29

コロナという言葉は，北極圏に見られる発光現象のコロナからとったものらしい．

要するに，電線の対地電位が大となり，電線の表面電位の傾き（potential gradint at conductor surface）が大となると，コロナ放電（corona discharge）を起こすので，その原理を述べかつ影響するところを明らかにしよう．

宇宙線（cosmic ray）などにより，大気中に浮遊イオンが存在するが，電線の作る電界の強さ（intensity of electric field）が大となると，前記イオンの受ける反発力に基づく速度が増し，空気分子に衝突してこれをイオン化するようになる．この際，弱い紫色の光を放ち，かついくぶんの音と熱を出す．もちろんイオン化状態となる電線周囲の大きさは，電線の作る電界の強さが，イオン化不能範囲まで拡大される．このような**グロー放電**（glow discharge）を**コロナ**と名づけたのであるが，わずかながらエネルギー損失も伴うばかりでなく，不規則な周波数スペクトル（frequency spectrum）をもっているので，3相送電線のような場合，常時高周波を出すために，誘導障害の原因になるほか，ラジオやテレビ受信を妨害するような**電波障害**（radio interference）を起こすが，とくに超高圧送電開始以来顕著である．

次に，3相送電を始め，その他の場合も，大地を通じて故障電流（fault current）が流れると，これが**起誘導電流**となり，並行している通信線などに必ず電磁誘導障害を与え，また静電的にも，電力線において不平衡となれば，静電誘導をおよぼす．これらの誘導障害の大要を述べ，どのような防止対策があるかについて記そう．

1　空気の破裂極限電位の傾き

普通，空気は絶縁体として扱われるが，それにも限度があり，20℃，760HPaなどの標準気象状態において，29.8kV/cmの直流，または21.1kV/cmの正弦波交流実効値の電位の傾きを超えると，空気は絶縁性を失いコロナが発生する．上記電位の傾きを，**空気の破裂極限電位の傾き**（disruptive critical potential gradient）といい，以下 g_0〔V/m〕で表す．

いま半径 r〔m〕の電線が，内径 R〔m〕の同心金属円筒の軸にある場合，この円筒の外面を完全に接地させた状態で，内外両導体間に $\dot{E}$〔V〕の電位差を与えたとすると，内部電線表面の電位の傾きは，

$$\dot{g}_m = \frac{\dot{E}}{r \log_\varepsilon \frac{R}{r}} \quad \text{〔V/m〕} \tag{1・1}$$

となり，もちろんこの配置において最大の電位の傾きとなる．式(1・1)の証明は，高電圧工学で学ばれたと考えられるので，ここではとくに省くこととしたい．

さて，上記電位差 $\dot{E}$ をしだいに高めていくと，いいかえれば，破裂極限電圧以上になれば，内部電線からイオン化すなわち**電離**（ionization）が始まり，導電性をもったコロナ放電となる．この場合，電離層が厚くなることは，あたかも内部電線の

半径が増したようになり，式 (1・1) に示した電位の傾きが低下するので，電離が停止することは容易にわかる．

火花放電 　しかし，電位差を一層大にすると，ついに**火花放電**（spark discharge）を起こす．この際，火花放電が発生する前にコロナができるかどうかは，同心導体の寸法すなわち r と R の比によって違う．もし $R \gg r$ であれば，必ずコロナが先行し，両者の差が小さくなると直接火花放電となるが，その限界は $R = \varepsilon r = 2.72r$ であるが，その証明もまた自ら試みられるようお勧めする．

2　コロナ臨界電圧

　3相送電線路その他平衡状態のコロナは，これを発生させない工夫を必要とするが，たとえば1線地絡が起った場合などには，他の健全な各相電線の対地電圧がかなり上昇するので，コロナの発生をまぬがれない．

2・1　3相平衡状態におけるコロナ臨界電圧

電線電位の傾き　いま，半径 r 〔m〕の電線に，$\dot{q}$ 〔C/m〕の電荷を与えると，**電線表面の電位の傾き**は，要するに電界の強さであって，下記のように表わせる．

$$\dot{g} = \frac{2\dot{q}}{r} \times 9 \times 10^9 \text{ 〔V/m〕} \tag{2・1}$$

この $\dot{g}$ がさきに示した空気の破裂極限電圧の傾き g_0 〔V/m〕をこえると，コロナを発生することはいうまでもない．3相送電線路では，いつもその電線半径は等価線間距離 D 〔m〕にくらべ非常に小さいから，式 (2・1) をもって電線表面の電位の傾きとしてもよい．

　まず，3相の平衡状態で，相電圧 $\dot{e}$ 〔V〕なる場合，作用キャパシタンスを C 〔F/m〕とすれば，式 (2・1) は，

$$\dot{g} = \frac{2C\dot{e}}{r} \times 9 \times 10^9 = \frac{2(k_{11} - k_{12})\dot{e}}{r} \times 9 \times 10^9$$

$$= \frac{2\dot{e}}{r} \frac{1}{2\log_\varepsilon \dfrac{D}{r}} \text{ 〔V/m〕} \tag{2・2}$$

となるが，$\dot{e}$ を〔kV〕，r と D を〔cm〕とすれば，式 (2・2) の $\dot{g}$ は，

$$\dot{g} = \frac{0.4343}{r \log_{10} \dfrac{D}{r}} \dot{e} \text{ 〔kV/m〕} \tag{2・3}$$

で表わされる．

2·1 3相平衡状態におけるコロナ臨界電圧

コロナの臨界電圧

さて，空気の標準気象状態における破裂極限電圧の傾きは，正弦波交流実効値 21.1kV/cm であったから，この値を式 (2·3) に等しいと置いて**コロナの臨界電圧**（critical voltage of corona）を求めると，

$$\dot{e}_0 = 24.3 \times 2r \log_{10} \frac{D}{r}$$
$$= 24.3 \times d \log_{10} \frac{2D}{d} \quad [\text{kV}] \tag{2·4}$$

となる．ただし，$d = 2r$ である．

しかるに，式 (2·4) は電線断面を真円（true circle）とし，かつ標準気象状態をもとにしたものであるが，実際上電線にはより線を使っているし，また気象条件もきわめて悪い場合があるので，コロナ発生の臨界電圧が変わってくる．よって，電線表面の性質を導入するのに，m_0 という係数を用い，また気象条件の違いを m_1 という係数で示すこととする．

m_0 の値としては，より線数が多いほど電線表面に小さな半径方向の突出部ができるから，コロナ放電が起こり易い電位の傾きを作る．m_0 の値としては，新しい単線の場合が1で，表面が粗くなった単線では 0.93〜0.98，7本よりでは 0.83〜0.87，19本から61本よりでは 0.80〜0.85 となるので，しだいにコロナの臨界電圧が下がる．

また，m_1 としては，晴天のときを1，雨・雪・霧などのときを 0.8 とし，その上標準気象からはずれた場合を考えて δ をかけて，下式のように (2·5) 式に改める．

$$\dot{e}_0 = m_0 m_1 \delta \times 24.3 d \log_{10} \frac{2D}{d} \quad [\text{kV}] \tag{2·5}$$

もちろん，標準気象状態で $\delta = 1$ であるが，温度が上がりかつ気圧が下がると，δ はかなり小さくなることは明白である．とくに送電線路は，その経過地に標高の大なる場所があることはいうまでもない．海面から標高が500mで気圧が711HPa，1 000mで668，2 000mで590というように低気圧となるから，山岳地を通過する送電線路にコロナが発生する機会が多いといえる．

コロナ臨界電圧

なお，式 (2·5) を見れば容易にわかるとおり，電線の直径が大となれば，**コロナ臨界電圧**が上昇することである．これがため，従前面倒な構造の中空銅線などというものも出現したのであるが，近代ではACSRが使われ，しかも導電率の関係から，必然的に断面が大きくなることは，コロナ臨界電圧上昇に役立っているのである．

さて，上述したところは，電線1本についてのコロナ臨界電圧であったが，3相平衡電圧の場合，果して運転電圧が，コロナ発生に対し電線上どの程度の電位の傾きになっているかを検討しなければならないが，ベクトル電荷とベクトル電圧をもって表わすと，たとえば $\dot{q}_1$ は，

$$\dot{q}_{10} = k_{11}\dot{e} + k_{12}\dot{e}\varepsilon^{-j120°} + k_{13}\dot{e}\varepsilon^{j120°} \quad [\text{C/m}] \tag{2·6}$$

式 (2·6) を書き直すと，

$$\dot{q}_{10} = k_{11}\dot{e} - \frac{k_{12}+k_{13}}{2}\dot{e} - j\frac{\sqrt{3}}{2}(k_{12}-k_{13})\dot{e} \quad [\text{C/m}] \tag{2·7}$$

よって，式 (2·1) を適用すれば

$$\dot{g}_{10} = \frac{2\dot{e}}{r}\left\{\left(k_{11} - \frac{k_{12}+k_{13}}{2}\right) - j\frac{\sqrt{3}}{2}(k_{12}-k_{13})\right\} \times 9 \times 10^9 \quad [\text{V/m}] \tag{2·8}$$

となるので（ねん架が十分であれば，$k_{12}=k_{13}$としてよい），所要の電線1の電位の傾きは，$\dot{g}_{10}$の絶対値$|\dot{g}_{10}|$〔V/m〕を求め，その結果が21.1kV/cmより大か小かを比較すれば，運転電圧が適正であるかどうかが判別できる．電線2および3に対しても，同様に扱うことができる．

2・2　3相送電線路における 1線地絡時の電位の傾き

3相送電線において，c相が地絡したとすれば，a，b両相の対地電圧$\dot{E}_{ca}$と$\dot{E}_{cb}$〔V〕は，中性点が高抵抗ないし消弧リアクトル接地であったとすれば，地絡前の平衡状態に対し$\sqrt{3}$倍になるので，平衡時にコロナが発生しなかったとしても，このような対地電圧の上昇により，コロナが発生するようになるであろう．

$$\left.\begin{array}{l}\dot{E}_{ca}=\dfrac{\sqrt{3}}{2}(\sqrt{3}+j1)\dot{e}\ \text{〔V〕}\\[6pt]\dot{E}_{cb}=\dfrac{\sqrt{3}}{2}(\sqrt{3}-j1)\dot{e}\ \text{〔V〕}\end{array}\right\} \quad (2\cdot 9)$$

次に，たとえばa相のベクトル電荷は，

$$\begin{aligned}\dot{q}_1 &= k_{11}\dot{E}_{ca}+k_{12}\dot{E}_{cb}\\&=\{\sqrt{3}(k_{11}+k_{12})+j(k_{11}-k_{12})\}\dfrac{\sqrt{3}}{2}\dot{e}\ \text{〔C/m〕}\end{aligned} \quad (2\cdot 10)$$

よって，式(2・1)から

$$\dot{g}_1=\dfrac{2}{r}\{\sqrt{3}(k_{11}+k_{12})+j(k_{11}-k_{12})\}\dfrac{\sqrt{3}}{2}\dot{e}\times 9\times 10^9\ \text{〔V/m〕} \quad (2\cdot 11)$$

式(2・11)に対する絶対値g_1は，

$$g_1=|\dot{g}_1|=\dfrac{2\sqrt{3}\,e}{r}\sqrt{k_{11}{}^2+k_{11}k_{12}+k_{12}{}^2}\times 9\times 10^9\ \text{〔V/m〕} \quad (2\cdot 12)$$

書き直すと，

$$g_1\fallingdotseq\dfrac{2\sqrt{3}\,e}{r}\left(k_{11}+\dfrac{1}{2}k_{12}\right)\times 9\times 10^4\ \text{〔kV/cm〕} \quad (2\cdot 13)$$

同様にしてb相のg_2も求められるが，絶対値は相等しい．

前項の式(2・8)において，$k_{12}=k_{13}$と置けば，当然のことながら式(2・2)に示したように下記のようになる．

$$g_{10}=|\dot{g}_{10}|=\dfrac{2e}{r}(k_{11}-k_{12})\times 9\times 10^9\ \text{〔V/m〕} \quad (2\cdot 14)$$

または，

$$g_{10}=\dfrac{2e}{r}(k_{11}-k_{12})\times 9\times 10^4\ \text{〔kV/cm〕} \quad (2\cdot 15)$$

となり，g_1のg_{10}に対する倍数は，

$$\frac{g_1}{g_{10}} = \frac{\sqrt{3}\left(k_{11}+\frac{k_{12}}{2}\right)}{k_{11}-k_{12}} \quad (\text{数値}) \tag{2·16}$$

いま，一例として200kV級超高圧送電線1回線の場合，$g_1/g_{10} = 1.38$倍という数字があるけれど，健全相の対地電圧が$\sqrt{3}$倍となるよりも小さい電位の傾きとなる．

3 複導体送電線路のコロナ

等価半径　　　各相電線を構成する半径r〔m〕の各素導体間の距離がS〔m〕であれば，n本の素導体に対する各相電線の**等価半径**は$\sqrt[n]{rS^{n-1}}$〔m〕となるので，普通Sは40～45cm程度とされるから，素導体が1本の場合に比べて等価半径が大となる．

　　その上，電磁的には素導体によって作られる磁界の強さが減ぜられるので，インダクタンスが小さくなり，また静電的には電界の強さも同様に低められる．

複導体　　　　この結果，**複導体**を使用し，素導体数を大にするほど，各素導体の表面における電位の傾きが小となって，コロナを発生する臨界電圧が上昇する．これが，複導体を採用されるに至った他の主要な理由といえる．

　　しかし，複導体を用いた超高圧送電線におけるコロナ臨界電圧の値は，なかなか表現が面倒であるので，しかるべき高電圧試験所での実測値によるのが，適切な解決法であろう．

　　ただ，明記しておくことは，複導体とする場合，その素導体の断面積は，素導体を1本とする場合に比べて同一全断面積のもとに，素導体数が多くなるほど半径$1/\sqrt{n}$の細いものを採用してよいにもかかわらず，導体の表面電位の傾きが上昇しないことである．

　　いま一例として，同一架線条件，同一気象状態において，素導体1本に対し，同一全断面積の$n=4$の複導体の場合，$S=45$cmとしてコロナ臨界電圧が1.26倍にも上昇させることができたという．図3・1は，同様に架線条件や気象状態を等しくして，素導体数nいかんにより，コロナ臨界電圧（対地電圧）e_0〔kV〕と，ついでに直列リアクタンスx〔Ω/km〕を示したもので，前例の場合ではない．

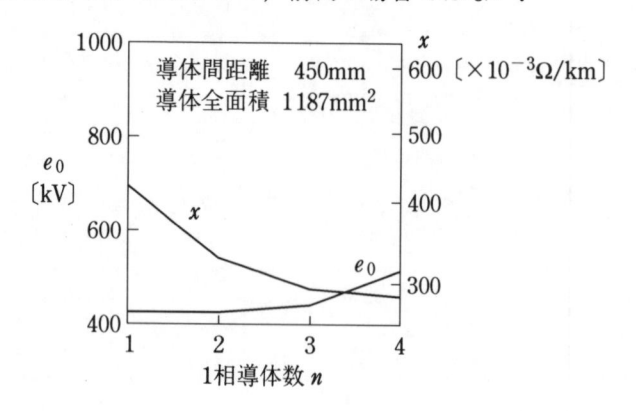

図3・1　導体断面積を一定とした場合の導体数nとコロナ臨界対地電圧e_0，リアクタンスxの関係

4 コロナによる電力損

コロナ損　　送電線路の平常運転においても，コロナを発生する状態になれば，そのエネルギーは電源から供給されるので，線路の直列抵抗による電力損とともに，送電効率を低下させる．しかも，コロナによる電力損，簡単に**コロナ損**（corona loss）は，線路に対し並列コンダクタンスを形成する．

コロナ損の計算式を，理論的に誘導することは一般にやっかいであるので，種々の実験式を採用しているが，とくに複導体の場合，実験式さえこれというものがない．

4・1 単導体のコロナ損計算式

コロナ損計算式　　早くから比較的よく使われている計算式に，F.W.Peekの下記の式があるが，超高圧送電出現以前のものである．

下式は，1線1kmあたりのコロナ損を計算するのに使用している．

$$P = \frac{241}{\delta}(f+25)\sqrt{\frac{d}{2D}}(e-e_0)^2 \times 10^{-5} \quad \text{[kW/km/線]} \quad (4\cdot1)$$

ただし，e_0はコロナ臨界電圧〔kV〕，eは電線の対地電圧〔kV〕，fは周波数で，その他は既出のものである．もちろん式($4\cdot1$)は，$e > e_0$の場合である．

次に，式($4\cdot1$)を，電線表面の電位の傾きまで表わすために，式($2\cdot3$)と($2\cdot5$)を用いると次のようになる．

$$e = \frac{gr\log_{10}\frac{D}{r}}{0.4343} = \frac{g\frac{d}{2}\log_{10}\frac{2D}{d}}{0.4343} \quad \text{[V]} \quad (4\cdot2)$$

および　　$$e_0 = \frac{g_0 m_0 m_1 \frac{d}{2}\log_{10}\frac{2D}{d}}{0.4343} \quad \text{[V]} \quad (4\cdot3)$$

これらを，式($4\cdot1$)に代入すれば，

$$P = \frac{1.286}{\delta}(f+25)\sqrt{\frac{d}{2D}}\left(\log_{10}\frac{2D}{d}\right)^2\left(\frac{d}{2}\right)^2(g-m_0 m_1 \delta g_0)^2 \times 10^{-2}$$

$$\text{[kW/km/線]} \quad (4\cdot4)$$

となるので，3相送電線路における平衡時または不平衡時の各線電位の傾きに対する絶対値を，2で求めて，式($4\cdot4$)に適用すれば，各線のコロナ損を計算することができる．

−7−

一例として，$g=20\mathrm{kV/cm}$, $f=60\mathrm{Hz}$, $\delta=1$, $m_0=0.85$, $m_1=1$では，$P=2.38$ kW/km/線となる．ところが1線が地絡すると，コロナ損はまことに著しいものがある．たとえば，230kV，500km，3相2回線の場合，晴天では16 144kW，雨天では57 620kWにもなるので，この送電線は230kV運転は困難である．200kVに下げて運転すると，晴天で1 288kW，雨天で21 832kWとコロナ損の減退が大きい．

4·2 複導体のコロナ損

複導体のコロナ損　単導体の場合に比較して，**複導体のコロナ損**は，普通かなり小さい．なおピークの実験式のような確実なものが，まだないというのが現状である．

表4·1と図4·1は標高ほとんど0の試験線で行われた北欧の実測結果である．

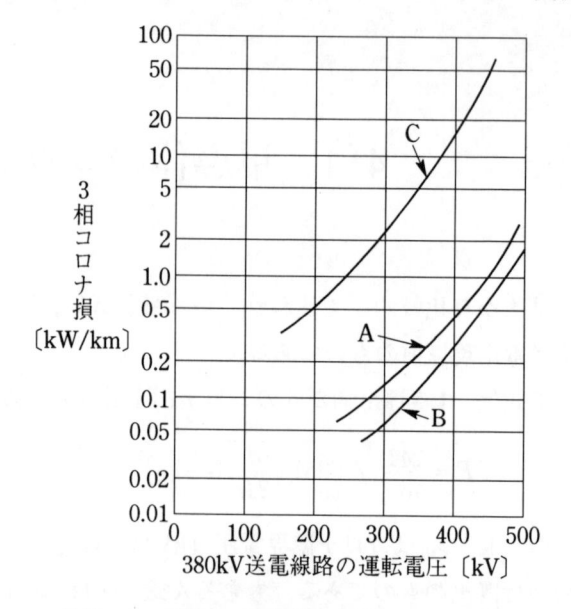

曲線　A：平均して好天候の場合のコロナ損
　〃　　B：最良の好天候　　　　〃
　〃　　C：最高に悪天候　　　　〃

図4·1　380kV 3相複導体送電線路の試験線に対する運転電圧と3相コロナ損
　　　（線間距離　12m，525mm²×2，ACSR，標高ほぼ0）

表4·1　複導体3相送電線路におけるコロナ損

送電線路の公称電圧〔kV〕	運 転 電 圧〔kV〕	ACSR電線の直径〔mm²〕	線 間 距 離〔m〕	3相コロナ損〔kW/km〕	
				良 天 候（平均）	悪 天 候
220	220	454	7	0.15	10
380	380	454× 2	12	0.6	30
380	380	593× 2	12	0.4	14
380	400	593× 2	12	0.55	21

注：(1) 380kV線地上高平均13m，複導体線間距離45cm
　　(2) 220kV線地上高平均10m
　　(3) 標高ほとんど0

4·2 複導体のコロナ損

　これらの実測値は，いずれもほぼ地表上のコロナ損であるから，標高によって相当ちがってくることを考えなければならない．

　なお，倍数で示すと，平均的な好天候下におけるコロナ損を1とすれば，最上の好天候での最小損は0.5倍，短区間における悪天候での最大損は50倍にもなるが，全こう長では20倍程度となり，全こう長の年間平均コロナ損はだいたい4倍位であろうとの報告がある．

　この章の終りに，つけ加えて置きたいのは，送電線路におけるコロナ損の測定において，もちろん無負荷で充電電流の大なる状態でのコロナ損測定であるから，きわめて低力率における電力測定なので，十分信頼できるよう工夫した電力計を試験変圧器の低圧側に入れて測定しなければならない．また，試験変圧器の各損失が導入されるので，送電線路と同一キャパシタンスのコンデンサを用いて，変圧器損失を分離しなくてはならないし，印加電圧の測定にも，球状ギャップ（sphere gap）により，よく校正された静電電圧計（static voltmeter）を使用しなければならない．

5 コロナによる各種の障害

送電線路にコロナが発生すると，下記のとおり種々な障害が発生する．

5·1 中性点接地方式とコロナ

中性点が直接接地されていれば，1線地絡が起こっても，健全相の電圧が昇ることがきわめて少ないので，別段にコロナ発生問題に意を用いる必要はないが，高抵抗または消弧リアクトル接地では，健全相の電圧が急に大となるから，2·2に述べたように，電線の電位の傾きが平常値の1.38倍にもなって，著しいコロナ発生があり，コロナ損も大きくなる．

消弧リアクトル接地系統　とくに，**消弧リアクトル接地系統**では，1線地絡時において中性点電圧と同相のコロナ電流が地絡点をとおる．よって，たとえ消弧リアクトルが完全に並列共振させてあっても，このような電流を消去するものがないので，故障電流として残存しアークが消えない場合があり，また電力線搬送継電器に誤動作を起こす．

また，常時コロナ発生があったとすると，コロナ電流の高調波分は，中性点接地方式により大地を通じて流れる．たとえば3相送電線路における第3調波とその倍数調波がそれである．

コロナ電流　このような**コロナ電流**が存在すると，いつも電力線搬送電話に通信妨害を与えるほか，電線の腐食，ラジオの聴取障害などを誘発する．

5·2 コロナ雑音

送電線路のこう長に沿って，種々な気象条件があるので，悪天候の場合など，電線またはがいし金具のせん端部から瞬時的なコロナ放電が発生すると，急激な放電電流を伴う．しかるときは放電点付近の空間に局部的な電磁界（electro-magnetic field）ができるし，また線路に沿っては，放電点の左右に向かって，パルス（pulse）的な進行波による電磁界ができる．このような**コロナ放電点**が，線路に多数発生すると，時間的に，また送電線路の位置により複雑な電磁波を放射するが，きわめて広い範囲の周波スペクトルをもつので，ラジオやテレビジョンの視聴を乱すことになるから，このようなコロナ放電による雑音を**コロナ雑音**（corona noise）といっている．

コロナ放電点

コロナ雑音

5·2 コロナ雑音

だいたいにおいて，送電電圧が110kV以上になると電線から出るコロナが多いが，11〜77kVでは，むしろがいしからのコロナが電線から出るものより大であって，そのうちでもピンがいしの方がはなはだしい．

雑音電界の強さ　図5·1は，雨・雪や霧を除いた気象条件のもとで，周波数1MHz（mega hertz）付近で，電線直下の**雑音電界の強さ**（デシベル）（decibel，略してdB）を，各送電電圧について電線コロナとがいしコロナを，実測結果に基づいて想定したものである．

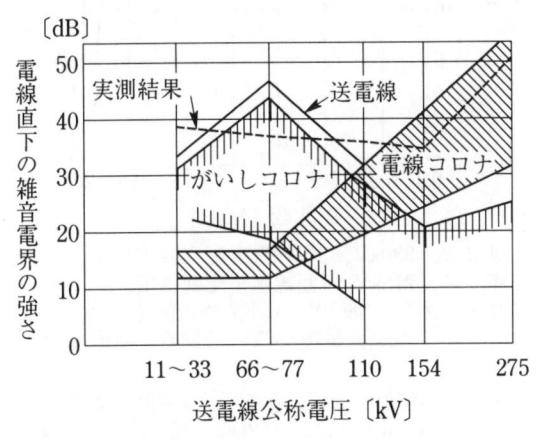

図5·1　送電線雑音構成図

ここに，〔dB〕なる単位は，雑音電界の強さが$1\mu V/m = 0$ dBとし，下式から算出された数字の単位である．

$$E = 20\log_{10}\frac{E_1}{E_0} \quad \text{〔dB〕} \tag{5·1}$$

ただし，$E_0 = 1\mu V/m$であり，E_1は実効高1mの空中線（antenna）に誘起された雑音レベル（noise level）を〔μV〕で与える．しかし，場合により〔$\mu V/m$〕で直接表わすこともある．

準波高値　なお，図5·1に示した雑音電界の強さは，**準波高値**（quasi-maximum value）で与えられている．これは雑音量を表わす一つの尺度として使われるが，特定時定数の**障害波測定器**　検波回路（detecting circuit）をもつ**障害波測定器**（interference-wave instrument）で測った出力指示計（output meter）の読みを表わし，わが国では，聴覚の応答特性に近似させるように，上記検波回路の時定数として，充電1ms（millisecond），放電600msのものを採用している．

図5·1からわかることであるが，標準放送周波数（standard broadcasting frequency）の付近では，送電線直下の地上における雑音電界の強さが，準波高値で35〜40dB程度であるといってよい．

コロナ雑音　しかし，**コロナ雑音**も，電線直下からの距離の自乗に逆比例して減衰し，電線地上高の3倍に離れると，電線直下の値の1/10以下に低下する．ただし，垂直配列に近い3相送電線路では，下線ばかりでなく，上中両線の影響もあるので，上記の減衰よりは小さい．

なお，図5·1は，1MHz付近の雑音レベルである．周波数の広い範囲について，どのように変化するかについて，各国の超高圧送電線に対する測定結果は図5·2のとおりである．ただし，ドイツの場合は試験送電線についての実測値を示す．

5 コロナによる各種の障害

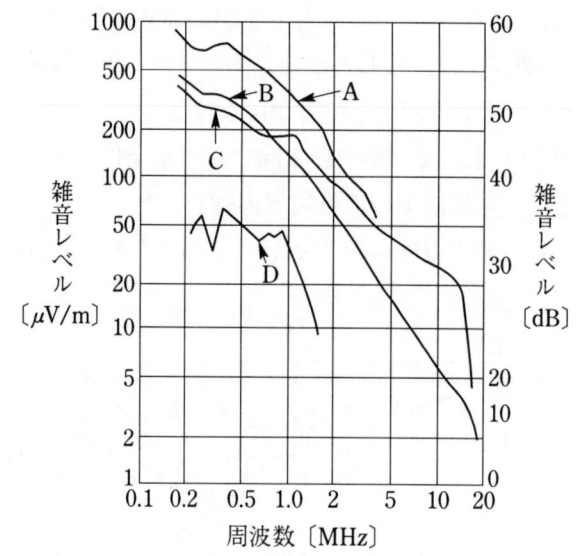

A：アメリカ，330kV，2回線垂直配列各相1本
B：イギリス，275kV，1回線水平配列各相2本
C：スウェーデン，380kV，1回線水平配列
D：ハイデルベルグ試験線380kV，2回線，垂直配列，各相4本

図 5·2 諸外国における超高圧送電線路の雑音レベル
(μV/mまたはdB)(外側の相の直下での実測値)

5·3　コロナ雑音の防止

要するにコロナの発生を抑制するにある．まず第一に，電線コロナについていえば，電線表面の電位の傾きを小さくするために，電線断面積を大にすることであるが，すでに述べたとおり，超高圧送電線路には複導体が採用されるので，単導体の場合よりかなり電位の傾きを低下させられるから，コロナ雑音のレベルも小さいことが**図5·2**からもわかることであろう．

　第二に，がいしおよびがいし金具からのコロナであるが，円板形懸垂がいし連による場合，**遮へい環**をつけて，がいしに加わる電圧分布を均等化すれば，特定がいしの電圧がとくに上昇することがないので，金具からのコロナを防止できる．ピンがいしでは，電線を保持している磁器片の表面に半導体塗料を混ぜたうわ薬を施すことなどによっても，かなりがいしコロナを減らすことができるという．

　なお，超高圧送電線路が配電線路と交さするか，または近接すると，送電線路におけるコロナ・パルスが誘導によって配電線路に伝搬するから，広範囲にコロナ雑音の影響をおよぼすので，こうした交さや近接をできるだけさけねばならない．

　コロナ雑音は，ラジオ雑音といわれる位に，ラジオやテレビ受信に与える障害が大であるから，放送信号の電圧S〔dB〕と雑音電圧N〔dB〕の差（これは**SN比**といわれる）を，少なくとも30dB以上にすべきであるといわれているが，要するにSが大であれば，ラジオやテレビの視聴にさしつかえないわけである．

6 電磁および静電誘導の原理

相互インダクタンス
起誘導電流
通信線被誘導電圧

　送電線路に並行にまたは近接して通信線がある場合，送電線路に事故が発生し，故障電流（fault current）$\dot{I}$〔A〕が，大地を通じて図6・1のように流れると通信線に起電力を誘起するが，この場合，送電線すなわち電力線と通信線との間の**相互インダクタンス**M_{12}〔H/m〕が大で，また通信線の電力線に対する並行距離l〔m〕が大なるほど，同じ故障電流すなわち**起誘導電流**（inducing current）であっても，**通信線被誘導電圧**（induced voltage）$\dot{E}_m$〔V〕は大きくなること，下式のとおりである．

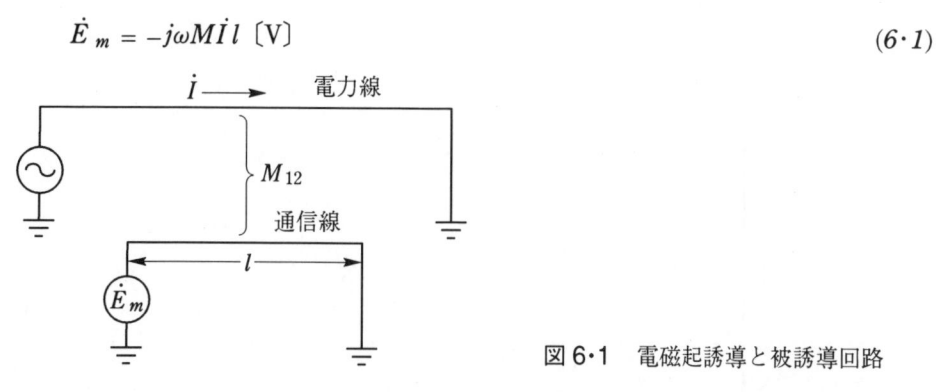

$$\dot{E}_m = -j\omega M \dot{I} l \text{〔V〕} \tag{6・1}$$

図6・1　電磁起誘導と被誘導回路

電磁誘導

　このように，電力線から通信線へ電磁的に電圧を誘導する場合を**電磁誘導**といい，被誘導電圧が大となると，通信機器の絶縁破壊を起こすだけでなく，通信機器取扱者に危険な電撃を与えることにもなる．

　また，図6・2に示すとおり，対地電圧$\dot{e}$〔V〕の電力線があって，並列して通信線がある場合，おのおのの対地キャパシタンスをそれぞれC_1およびC_2〔F/m〕，両回路間の**相互キャパシタンス**をC_{12}〔F/m〕であるとすれば，このような静電的結合において，通信線に発生する電圧$\dot{E}_s$は，

相互キャパシタンス

$$\dot{E}_s = \frac{C_{12}}{C_{12}+C_2}\dot{e} \text{〔V〕} \tag{6・2}$$

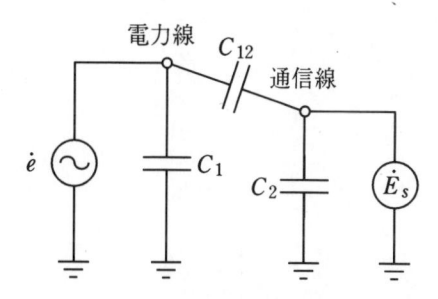

図6・2　静電起誘導と被誘導回路

静電誘導

のようになり，$\dot{E}_s$は通信線の長さと周波数に無関係となるが，この場合を**静電誘導**と名づける．電磁誘導と同様な通信上の障害を与える．

誘導障害

　かくして電力線から通信線へおよぼす電磁的または静電的誘導障害を，一般に誘

-13-

導障害 (inductive interference) といい，送電線路にしだいに大きい電圧が使われる結果，地絡故障電流も大きくなるので，誘導障害の問題はすこぶる重要問題となってきた．

　送電線路の平常運転時には，電圧も電流も共に平衡しているので，たとえば3相送電線路に対し，通信線が1本あったような場合の電磁および静電誘導は，各電線間に若干の幾何的配置にちがいはあったとしても，ほとんど現われないとしてよい．しかし，中性点接地方式では，常時に高調波のある電圧波形であれば，やはり大地を通ずる電流があるので，あまり大きくないとしても電磁誘導をまぬがれない．

7　電磁誘導電圧の実験式

　現在の電気設備に対する技術基準には，とくに電磁誘導電圧の算出式[*]を示していないが，従来からよく使われている実験式に，下記のようなものがある．多くの実測結果から導いたもので，図7・1に使用記号や，近接距離の扱い方などを明らかにした．

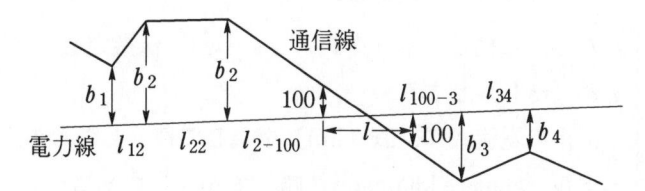

図7・1　電力線と通信線の近接区間における平均離隔距離の扱い方

$$E_m = kf\left\{\sum \frac{l_{12}}{\frac{1}{2}(b_1+b_2)} + \sum \frac{l}{100}\right\} \quad [\text{V/A}] \qquad (7\cdot 1)$$

ただし，E_m は起誘導電流1Aあたりの誘導電圧，また f は周波数を与える．なお，図7・1で式(7・1)のかっこ内がよくわかると考えられるが，交差点で離隔距離が100m以下の部分だけは，$\sum \dfrac{l}{100}$ をとることとしている．

　k は地質による係数で，富山・長野および静岡各県から以東と北海道における山地では0.0005，平地はその1/2，また前記地域から以西では，山地0.0008，平地はその1/2というような係数である．

---

[*]参考：電技解釈第102条「誘導障害の防止」に誘導電流の計算式が示されている．

8　平均起誘導電流の算出と相互インダクタンス

　電磁誘導電圧の実験式は，〔V/A〕の算出であるが，もちろん起誘導電流の値を必要とするが，こう長の大きい送電線路では，線路に沿って起誘導電流の分布がちがう．いま，受電端に3相の各相に$\dot{Z}_r$〔Ω〕の集中インピーダンスがある場合，受電端からx〔km〕における電流は，次式で与えられる．

$$\dot{I} = \dot{I}_r \frac{\cosh(\dot{\gamma}x + \dot{\delta}_r)}{\cosh\dot{\delta}_r} \text{〔A〕}$$

ただし，特性インピーダンスを$\dot{z}$〔Ω〕，伝搬定数$\dot{\gamma}$〔rad./km〕および受電端位置角を$\dot{\delta}_r$〔rad.〕とする．

アンペア・キロメートル　　上掲の電流式に，dx〔km〕を乗じて積分したものが，いわゆる**アンペア・キロメートル**（ampere kilometer, 略してAkm）である．

$$\text{Akm} = \int_0^l \dot{I} dx = \int_0^l \dot{I}_r \frac{\cosh(\dot{\gamma}x + \dot{\delta}_r)}{\cosh\dot{\delta}_r} dx$$

$$= \frac{2\dot{I}_r}{\dot{\gamma}} \frac{\cosh\left(\frac{\dot{\gamma}l}{2} + \dot{\delta}_r\right)\sinh\frac{\dot{\gamma}l}{2}}{\cosh\dot{\delta}_r} \text{〔Akm〕} \qquad (8\cdot1)$$

平均起誘導電流　　したがって，全こう長l〔km〕の**平均起誘導電流**は，

$$\dot{I}_a = \frac{\text{Akm}}{l} \text{〔A〕} \qquad (8\cdot2)$$

となり，これの絶対値$|\dot{I}_a|$〔A〕をE_m〔V/A〕にかけると，所要の電磁誘導電圧が得られる．

　もっとも，電磁誘導電圧を求める必要のあるのは，通信線に限らず，すべての被誘導回路（induced circuits）の全長に対してであるから，この範囲で平行ないし近接している電力線の平均起誘導電流をだせばよいはずである．

　なお，注意すべきは，平均起誘導電流を算出する場合に使用すべき式(8・1)の電流としては，大地をとおる電流すなわち零相電流$\dot{I}_0$〔A〕の3相1回線ならば$3\dot{I}_0$，2回線ならば$6\dot{I}_0$の受電端の値を$\dot{I}_r$に使わなければならない．

　かくして，平均起誘導電流を知ることができれば，実験式を用いて誘導電圧をだせることは，上述したところであるが，カーソン・ポラチェック（Carson-Pollaczek）の相互インダクタンス計算式などを使って，電力線と通信線との間の相互インダクタンス（mutual inductance）を知ることができれば，同じく誘導電圧を算出できよう．

相互インダクタンス　　**相互インダクタンス**には，土壌（soil）の抵抗率が最も大きな影響をおよぼす．これを考慮したのがカーソン・ポラチェックの式であるが，その詳細は省く．一例を南部スウェーデンにおける実測結果によると，電力線と通信線との離隔距離が100，500，1000および5000mのそれぞれに対し，50Hzの相互インピーダンス絶対値は0.25，0.17，0.11および0.026 Ω/kmであった．

9 静電誘導電圧

静電誘導電圧

もし，3相方式などで電圧に不平衡が起きているとすれば，常時に平行または近接する通信線などに，**静電誘導電圧**を発生させる．

電圧の不平衡は，負荷電流の相異によっても起こるが，もっとも定常的なものは，架空線におけるねん架の不十分が原因となる．

そこで，3相送電線の対地電圧を，それぞれ $\dot{e}_1$，$\dot{e}_2$ および $\dot{e}_3$ [V]，通信線に発生する静電誘導電圧を $\dot{E}_s$ [V]，3電線と通信線との間の相互キャパシタンスをそれぞれ C_{1s}，C_{2s} および C_{3s} [F/m] および通信線の対地キャパシタンスを C_s [F/m] とすれば，角周波数 ω [rad./s] に対し，次の km あたりの電流関係が成立つ．

$$\omega C_{1s}(\dot{e}_1 - \dot{E}_s) + \omega C_{2s}(\dot{e}_2 - \dot{E}_s) + \omega C_{3s}(\dot{e}_3 - \dot{E}_s) = \omega C_s \dot{E}_s \ [\text{A/m}] \quad (9 \cdot 1)$$

式 (9・1) から $\dot{E}_s$ が求められる．

$$\dot{E}_s = \frac{C_{1s}\dot{e}_1 + C_{2s}\dot{e}_2 + C_{3s}\dot{e}_3}{C_{1s} + C_{2s} + C_{3s} + C_s} \ [\text{V}] \quad (9 \cdot 2)$$

式 (9・2) において，$\dot{e}_1 + \dot{e}_2 + \dot{e}_3 = 0$ とし，$\dot{e}_1 = e_1$ と基準にとり，C_{1s}，C_{2s} および C_{3s} がちがっているとすれば，

$$\dot{E}_s = \frac{C_{1s} - \frac{1}{2}(C_{2s} + C_{3s}) - j\frac{\sqrt{3}}{2}(C_{2s} - C_{3s})}{C_{1s} + C_{2s} + C_{3s} + C_s} e_1 \ [\text{V}] \quad (9 \cdot 3)$$

よって，通信線に静電的に誘起する電圧の絶対値は，

$$E_s = \frac{\sqrt{C_{1s}(C_{1s} - C_{2s}) + C_{2s}(C_{2s} - C_{3s}) + C_{3s}(C_{3s} - C_{1s})}}{C_{1s} + C_{2s} + C_{3s} + C_s} \cdot \frac{E_{12}}{\sqrt{3}} \ [\text{V}] \quad (9 \cdot 4)$$

となり，静電誘導電圧は km あたりのキャパシタンスだけによってきまるが，通信線の接地点に通ずる全電流は，

$$\dot{I}_s = j\omega C_s l \dot{E}_s \ [\text{A}] \quad (9 \cdot 5)$$

であって，その絶対値は，

$$I_s = \omega C_s l E_s \ [\text{A}] \quad (9 \cdot 6)$$

ただし，l は平行区間の距離 [km] とする．

実際上，平行区間は種々の離隔距離をもつし，また斜めの場合もあるので，相互キャパシタンスの値を異にする．しかし，相互キャパシタンスによる結合 (coupling) の度合はきわめて疎 (loose) なものであり，かつ離隔距離中に樹木や丘陵などがあるので，静電誘導電圧はかなり小さくなるが，これを**遮へい効果** (shielding effect) という．もし，通信線が鉛被ケーブルなどであれば，金属被は十分上記の遮へい効果を与える．

遮へい効果

なお，3相送電線で，中性点が非接地式，高抵抗か消弧リアクトル接地であれば1

—17—

9 静電誘導電圧

線地絡故障の際,健全相の電圧が急に上ることは不平衡のはなはだしい場合であるから,静電誘導電圧も大きい.この場合は,3相3電線から通信線におよぼす誘導電圧を算出するのに,零相電圧が各電線に加わっているので,等価的に3電線を1電線と考え,零相電圧の3倍を起誘導電圧として,電力線1本から通信線への誘導電圧を計算してもさしつかえない.

10 中性点接地方式と誘導障害の関係

中性点接地方式と，誘導障害が静電的でもまた電磁的でも大きな関係をもつ．

10・1 非接地方式

非接地方式 **非接地方式**では，1線地絡が起こると，故障点への電流は他の健全相から上昇対地電圧による充電電流のベクトル和であるが，線路のこう長が与えられると，全線のどこで地絡しても，上記地絡電流はだいたい等しいが，故障点から線路の左右の分布は，故障点と送受両端までの長さに比例（キャパシタンスは長さに比例する）した分れ方をするので，送受両端に至って0となる．したがって，線路上における**故障**

故障電流 **電流**は，送受両端からそれぞれ故障点に向かって比例的に大きくなるが，電流方向は反対となる．

しかし，この接地方式を採用している送電系統は運転電圧も余り高くはなく，またこう長も比較的短いので，起誘導電流も小さいことが多いから電磁誘導電圧は大きくない．なお，起誘導電流の方向と大きさが線路に沿ってちがうから，[Akm]を計算して平均値をだすべきである．

健全相の電圧上昇により，ちがった点でまた地絡することもありうるが，このような場合は，大地を通じて短絡電流が流れるので，きわめて大きな起誘導電流となる機会があることに，注意しなければならない．

消弧リアクトル
接地
10・2 消弧リアクトル接地方式

この方式において，消弧リアクトルに通ずる電流は，3相各電線における零相電流の3倍である．しかるに各線の対地キャパシタンスに流れる電流は，送受両端で0で，線路の直列インピーダンスを無視すれば長さに比例して増し，しかも消弧リアクトルに通ずる電流とは方向が反対である．

かりに，消弧リアクトルを線路の1端の中性点だけにおき，完全な共振状態のタップを使ったとすれば，各電線にのっている零相電流すなわち大地を帰路とする電流は，図10・1のように直線的に減って線路の他端において0となるが，この分布は，1線地絡の発生点がどこであっても変わらない．したがって，この場合の[Akm]は，

起誘導電流 3角形の面積であるから，平均電流は1/2となるので，**起誘導電流**は消弧リアクト

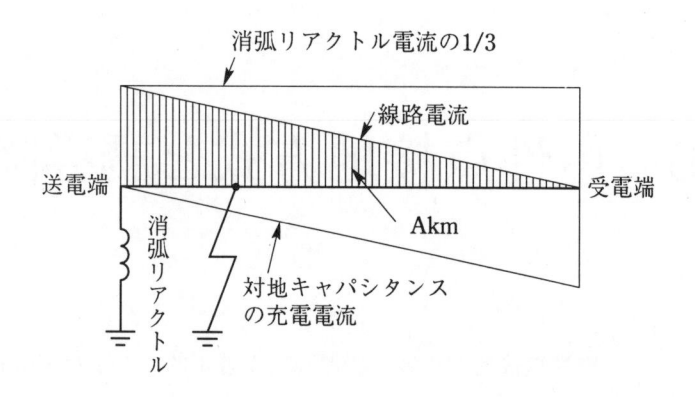

図10・1　送電端だけに共振消弧リアクトルを置いた場合の線路電流と〔Akm〕

に通ずる電流の1/2となる．しかし，消弧が完成すれば，もちろん起誘導電流はなくなるので，消弧リアクトル系統から発生する電磁誘導障害は，きわめてわずかであるといえる．

　もし，線路の両端中性点に同じ容量の共振消弧リアクトルを置いたとすれば，送受両端リアクトル電流，充電電流および線路電流のそれぞれは図10・2に示すようになるが，線路の中点において，各消弧リアクトルはこの中点まで充電電流を完全に補償する結果，中点から左右の〔Akm〕の総和も0となる．図10・1では，線路に通ずる電流は中点から左右相異なるが，便宜上送電端側を正として示すこととした．

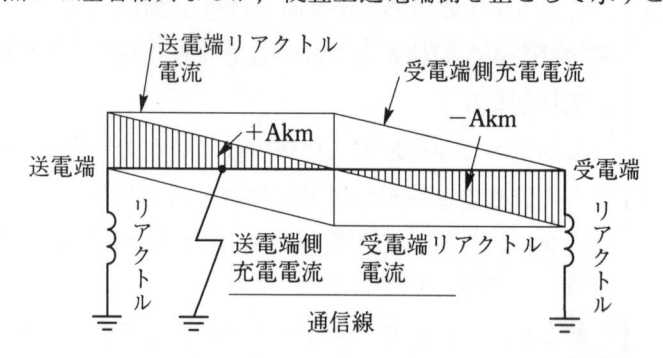

図10・2　送受両端に同じ容量の消弧リアクトルを置いた場合の線路電流と〔Akm〕

　よって，通信線が上記中点の左右に平行して同じ長さがあったとすれば，電磁誘導がなくなることは，興味深い事がらであろう．

10・3　抵抗接地方式

抵抗接地

　中性点を**抵抗接地**する方式では，こう長が余り長くないような場合，中性点抵抗が零相インピーダンスの主たるものとなるから，1線地絡時の起誘導電流は，相電圧をこの抵抗値で除したものとなる．もし，送受両端の中性点に接地抵抗を入れたとすれば，地絡点の左右の起誘導電流は，それぞれの抵抗値で相電圧を除した起誘導電流となり，しかも起誘導電流の方向が反対となる．

　しかし，系統のこう長が大でしかも高抵抗接地となると，1線地絡時の充電電流の影響が大となるから，線路電流の大きさとその位相を異にするので，〔Akm〕を計算して起誘導電流をだすべきである．

—20—

10·4　直接接地方式

直接接地　この方式では，中性点を**直接接地**する関係上，中性点抵抗は普通1Ω以下である．よって，1線地絡が発生すると，通ずる零相電流は大地を帰路とするインピーダンスに反比例した大きさとなるから，中性点に近い故障点ほど起誘導電流が大とならざるを得ない．したがって，送受両端共直接接地してある場合は，線路の中点での地絡時に左右の起誘導電流がもっとも小さく，しかも方向が反対となる．ただし，起誘導電流の位相は，だいたい線路の直列インピーダンス角によると考えてよいから，起誘導電流の位相は余り変らないが，大きさは中性点から故障点までの距離に反比例して増す．

よって，故障点から左右の〔Akm〕の符号が反対であるので，起誘導電流は〔Akm〕の総和をとって平均しなければならないが，他のどの場合の中性点接地方式よりも起誘導電流が大となり，したがって通信線に与える誘導障害が大といわなければならない．

なお，3相系統における高調波電流は常時通過を見るので，十分正弦波電圧であるような機器を使う必要があるが，第3および第9調波電圧を絶無にすることは不可能であるばかりでなく，コロナ電流にもこれらが含むことがあることに気をつけねばならない．

11 その他の誘導障害

　送電線路以外に誘導障害を起こすものとしては，交流電気鉄道と直流電気鉄道や電気化学工場などのサイリスタ整流器がある．次にそれらの概要を記す．
（1）交流電気鉄道
　これらは世界的傾向といえるのであって，ドイツでは古くから，$16\frac{2}{3}$ Hzの単相交流電化があったが，最近では50Hz，20～25kVを使う交流電化がきわめて盛んになってきた．
　もちろん，交流電化でも帰線の一つとしてレールを使用することは直流と同様であるが，レールの導電率が低いので，負き電線（negative feeder）を併設するほかに，吸上変圧器（absorbing transformer）を適当個所ごとに設けて，レールから大地へ電流が逃げるのを防止している．したがって，レールだけだとすると列車運行時の負荷電流のうち大地へもれる割合が大きいので，これが起誘導電流になるから，大地を帰路とする電流の割合を抑制するため，前記負き電線や吸上変圧器を使うのであるが，これらを十分施設すると，起誘導電流の平均値は，かなり抑えられることが確められている．
　なお，き電線電圧が，直接起誘起電圧となるのは明らかであろう．また，電車線が地絡すれば，短絡電流となるので，当然大きな起誘導電流となる．
（2）サイリスタ整流器からの高調波電流
　この整流器を，直流電鉄や電気化学用の直流電源とする場合，脈動電圧と電流（pulsating voltage and current）によるものと，急激な負荷変動ないしは回路の開閉時などの二つの原因からなる誘導障害がある．
　脈流に対しては，ろ波装置（wave filter）によりある程度高調波の外部へ流れることを防がれる．しかし，交流側に見る波形のひずみは簡単に抑制できないので，高調波成分が誘導障害を起こす．
　とくに電気化学工業用整流器は，大容量となっているために，その交流側における波形のひずみから，高調波電流が生じ通信線に電磁誘導障害を与えたことがしばしばあった．

12　誘導障害防止対策の概要と許容誘導電圧

遮へい線　　静電誘導に対しては，電力線側および通信線側に適切な**遮へい線**（shielding wire）を設けること，通信線をケーブル化してその外被（sheath of cable）の接地など，また相互間の林や丘は，それぞれ静電遮へい効果を発揮するし，被誘導回線を適宜接地すれば，十分静電誘導を低下させることができる．

電磁誘導の対策　　よって，以下にもっとも大きく障害を与える**電磁誘導の対策**について記す．

(a) 送電線路の経過地を選定する場合

既設の通信線やその他の回線の近接関係を調査し，相互の離隔に十分な距離を設ける．もし，必要とあれば，通信線その他の移転を協議するとか，またはケーブル化を相談する．

(b) 送電線路の経過地決定後は，系統中性点の接地方式を考えるべきであるが，今日経済送電を行う必要上，超高圧送電には直接接地方式のほか余地がないが，154kVおよびそれ以下では，後述するところの許容誘導電圧の範囲内に誘導電圧を抑えるため，中性点の接地抵抗を大とする．

(c) 直接接地方式にしろ，また他の接地方式を採用するにしても，中性点の接地個所いわば発変電所とくに変電所高圧側の位置は，被誘導個所から離すべきである．

(d) 66～77kV系統では，消弧リアクトル接地方式も適当と考える．

(e) 2回線送電線路ならば，選択接地継電器方式（selective ground relay scheme）を完備するとか，1回線の場合にしても，接地継電器の確実かつ高速度動作を行なうことを考慮すべきである．

(f) 主として通信線については，放電不整（irregularity of discharge）のない避雷器（lightning arrester）を設備する．

(g) 送電線路と通信線そのほかに導電率のよい遮へい線を設け，よく接地することである．

架空地線　　最後の遮へい線の内で，送電線路側に設けるのは**架空地線**であって，もし，送電線そのものと同一導電率の電線を使えば，誘導電圧を30～50％も低下できる．

さて，次に許容誘導電圧はぜひ掲げて置かねばならない．

今日，わが国できめてある電気設備の技術基準には，誘導電圧に対する許容値というものを規定していないが，従来からわが国では実効値で300Vが一般的に限度として認識されてきた．しかし，しだいに送電電圧の上昇に伴って，上記300Vを維持することはもはや不可能となってきたことと，故障区間の遮断処理が非常に速くなったことの二つから，許容誘導電圧の基準値として，故障継続時間が0.1秒以内では430Vが認められるようになった．ヨーロッパでは協定により，一般には430Vが限度であるけれども，特別に保護装置を高度化した線路の場合は650Vまで許容されているという．

―23―

13 遮へい線による誘導障害の軽減

　電力線または通信線に近接し，あるいは通信線にほとんど密着して金属線を設け十分接地したとすると，この金属線に電流が誘導により流れるので，通信線の誘導電圧はかなり軽減される．

　いま，これらの低減係数を λ（数値）で示すこととして，λ がどのような値になるかを以下に考えてみよう．なお，前章にふれた架空地線は**遮へい線**となるので，その他通信ケーブルの金属外装（metallic sheath），近接の電鉄用レール，地中金属管路なども，いずれも遮へい線となる．

遮へい線

　図13・1において，$\dot{Z}_{12}$〔Ω〕を電力線と通信線との間，$\dot{Z}_{23}$〔Ω〕を遮へい線と通信線との間，および $\dot{Z}_{31}$〔Ω〕を電力線と遮へい線との間のそれぞれ相互インピーダンス（mutual impedances）とし，$\dot{Z}_{33}$ を遮へい線の自己インピーダンス（self-impedance）とする．

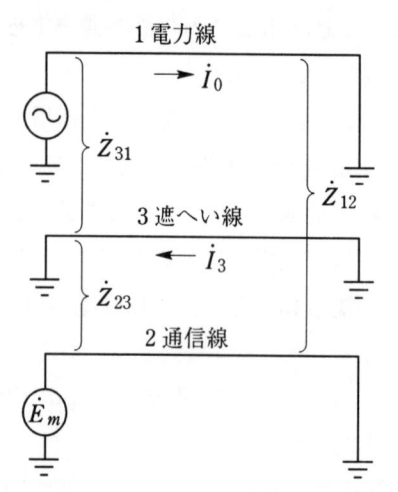

図13・1　遮へい線の配置

　普通，遮へい線は，その両端だけでなく各所で接地されているが，電力線と通信線との平行距離が長いときは，図13・1のように両端で接地してあると考えてさしつかえない．

　いま，電力線の零相電流 $\dot{I}_0$〔A〕の方向を正とすれば，通信線に誘導される電圧は，

$$\dot{E}_m = -\dot{Z}_{12}\dot{I}_0 + \dot{Z}_{23}\dot{I}_3 = -\dot{Z}_{12}\dot{I}_0 + \dot{Z}_{23}\frac{\dot{Z}_{31}}{\dot{Z}_{33}}\dot{I}_0$$

$$= -\dot{Z}_{12}\dot{I}_0\left(1 - \frac{\dot{Z}_{23}\dot{Z}_{31}}{\dot{Z}_{33}\dot{Z}_{12}}\right) \text{〔V〕} \tag{13・1}$$

　式(13・1)において，$\dot{I}_0$ は電力線の零相電流であるから，$-\dot{Z}_{12}\dot{I}_0$〔V〕は，遮へい線がない場合，電力線1本から受ける誘導電圧となるので，

13 遮へい線による誘導障害の軽減

$$\lambda = \left| 1 - \frac{\dot{Z}_{23}\dot{Z}_{31}}{\dot{Z}_{33}\dot{Z}_{12}} \right| \quad (\text{小数}) \tag{13·2}$$

低減係数 を低減係数 (reduction factor) という．

よって，架空地線のような場合は，$\dot{Z}_{12} \fallingdotseq \dot{Z}_{23}$ となるので，

$$\dot{E}_m = -\dot{Z}_{12}\dot{I}_0 \left(1 - \frac{\dot{Z}_{31}}{\dot{Z}_{33}} \right) \quad [\text{V}] \tag{13·3}$$

となるから，低減係数は下記のとおりになる．

$$\lambda = \left| 1 - \frac{\dot{Z}_{31}}{\dot{Z}_{33}} \right| \quad (\text{小数}) \tag{13·4}$$

また，通信ケーブルの金属外装のような場合は，$\dot{Z}_{31} \fallingdotseq \dot{Z}_{12}$ と見てよいから，

$$\dot{E}_m = -\dot{Z}_{12}\dot{I}_0 \left(1 - \frac{\dot{Z}_{23}}{\dot{Z}_{33}} \right) \quad [\text{V}] \tag{13·5}$$

したがって，λ は次式のようになる．

$$\lambda = \left| 1 - \frac{\dot{Z}_{23}}{\dot{Z}_{33}} \right| \quad (\text{小数}) \tag{13·6}$$

さて，両式 (13·4) と (13·6) を見ると，λ を小さくするには，$\dot{Z}_{33}$ すなわち遮へい線の自己インピーダンスを小さくすることが第一であり，とくに抵抗分が小さければよい．したがって，遮へい線が短かい場合は，接地抵抗も問題にしなければならない．また，$\dot{Z}_{31}$ と $\dot{Z}_{23}$ を左右するものは，遮へい線と電力線あるいは遮へい線と通信線との離隔距離である．なお，上記それぞれの離隔距離が等しければ，λ には変りがないことがわかる．

しかし，架空地線と別に遮へい線を電力線に接近して設けるよりも，通信線に近く遮へい線を張ることが，$\dot{Z}_{31} \gg \dot{Z}_{23}$ となるので，誘導電圧低減すなわち λ が小となることにより直接的であるといえる．

なお，通信線がいくつかある場合には，電力線側に遮へい線をおくことも望ましい考えといえよう．また，遮へい線がいくつかある場合，各遮へい線の低減係数の相乗積を**総合低減係数**とすることはやや誤差を伴うが，各遮へい線の低減係数が 0.7 以上であれば，だいたいの総合低減係数として各低減係数の積でもよろしい．

総合低減係数

図 13·1 の遮へい線 3 のほかに，4, …, m あるとし，それらを例えば p と q の間の相互インピーダンスを $\dot{Z}_{pq}$ [Ω]，自己インピーダンスを $\dot{Z}_{pp}$ [Ω]，p の電流を $\dot{I}_p$ [A] とすれば，

$$\dot{E}_m = -\dot{Z}_{12}\dot{I}_0 \left(1 - \sum_{k=3}^{m} \frac{\dot{Z}_{2k}}{\dot{Z}_{12}} \cdot \frac{\dot{I}_k}{\dot{I}_0} \right) \quad [\text{V}] \tag{13·7}$$

各遮へい線に対しては，次の関係がある．

$$\left. \begin{array}{l} \dot{Z}_{33}\dot{I}_3 + \dot{Z}_{34}\dot{I}_4 + \cdots + \dot{Z}_{3m}\dot{I}_m = -\dot{Z}_{31}\dot{I}_1 \quad [\text{V}] \\ \quad \cdots\cdots\cdots\cdots \\ \dot{Z}_{3m}\dot{I}_3 + \dot{Z}_{4m}\dot{I}_4 + \cdots + \dot{Z}_{mm}\dot{I}_m = -\dot{Z}_{1m}\dot{I}_{m1} \quad [\text{V}] \end{array} \right\} \tag{13·8}$$

式 (13·8) から $\dot{I}_3, \dot{I}_4, \cdots, \dot{I}_m$ を求め，式 (13·7) に代入して絶対値をだせば，

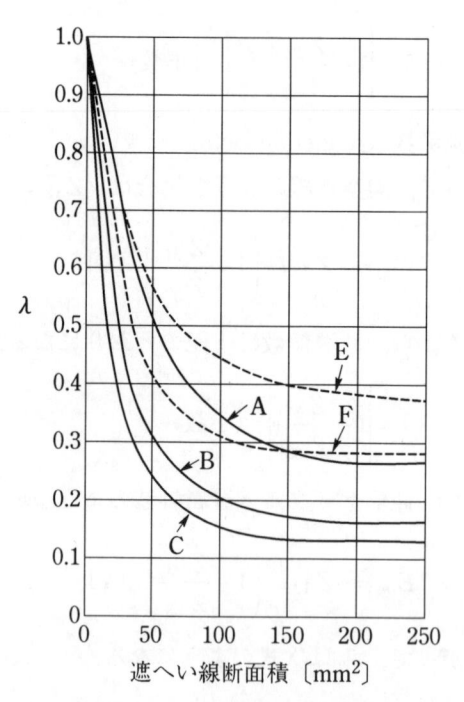

注：実線は遮へい線と通信線間距離0.2m
　　A：1本，B：2本，C：3本
　　点線は遮へい線と通信線間距離1.0m
　　E：1本，F：2本

図 13・2 銅製遮へい線の本数による低減係数

m 本の遮へい線がある場合の低減係数を見出すことができる．

次に，n 本の遮へい線がある場合，インピーダンスを下記のとおりとする．

$p = q$, $p \geq 3$ に対し　　$\dot{Z}_{pq} = \dot{Z}_{33}$ 〔Ω〕

$p \neq q$, $p \geq 3$, $q \geq 3$ に対し $\dot{Z}_{pq} = \dot{Z}_{34}$ 〔Ω〕

$p = 1$, $q \geq 2$ に対し　　$\dot{Z}_{pq} = \dot{Z}_{12}$ 〔Ω〕

$p = 2$, $q \geq 3$ に対し　　$\dot{Z}_{pq} = \dot{Z}_{23}$ 〔Ω〕

とおくならば，両式 (13・7) と (13・8) から，

$$\lambda = \left| 1 - \frac{n\dot{Z}_{23}}{\dot{Z}_{33} + (n-1)\dot{Z}_{34}} \right| \quad (\text{小数}) \tag{13・9}$$

| 密結合

となり，かつリアクタンスの間が $x_{23} = x_{34} = x_{33}$ というような**密結合**（close coupling）であれば，

$$\lambda = \left| \frac{r_{33}}{r_{33} + jnx_{33}} \right| \quad (\text{小数}) \tag{13・10}$$

ただし，r_{33} は遮へい線の抵抗〔Ω〕を示す．図13・2は銅線の遮へい線がどのような λ を与えるかを，遮へい線数とその太さおよび離隔距離について示したものである．

演習問題

〔問題1〕3相送電線の上中下3線と大地との間のコロナ損失を，各線別に測定したところ，図のような結果を得た．この理由を説明せよ．

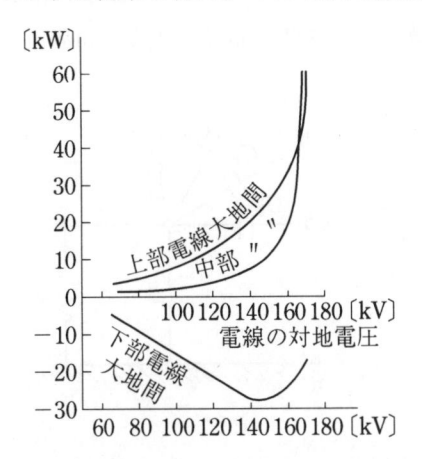

相コロナ試験結果の一例

〔問題2〕次の□□□に適当な答を記入せよ．

空気は良好な絶縁体であるが，高電圧架空送電線路の電線の表面の□□□が空気の□□□をこえると，この部分で空気の破壊放電がおきる．これがいわゆる□□□であって，この現象が発生すると，□□□を生じ，ラジオ，通信等に障害を与え，また□□□を増加するなど種々の不都合を生ずる．

〔問題3〕次の□□□に適当な答を記入せよ．

高電圧送電線の通信線に対する誘導障害を防止するため電力側でとられている方法としては，□□□，□□□，□□□，□□□等がある．

〔問題4〕コロナ・ノイズについて説明せよ．

〔問題5〕直接接地系統の送電線が，通信線におよぼす誘導障害ならびにその防止対策について述べよ．

〔問題6〕次の問に対する答のうち，正しいものの一つの○の中に×印をつけよ．

架空送電線のコロナを考慮する場合，標準状態において，空気の絶縁耐力の破れる最小電位の傾きは，正弦波交流の実効値〔kV/cm〕で，およそ

　　　A○5，B○10，C○20，D○40

〔問題7〕次の□□□に適当な答を記入せよ．

-27-

超高圧の架空送電線では，コロナの発生によって，□□障害や送電損失をきたすおそれがある．したがって超高圧送電線では，導体表面の□□を減少してコロナの発生を少なくするため，単導体に□□が用いられるか，または□□の大きい鋼心アルミニウムより線が用いられ，あるいは，単導体の代りに，電線2～3本程度を架線する□□方式が用いられる．

〔問題8〕単線式通信線に対し，図のようにC_a, C_b, C_cなる静電容量を有する3相電線a, b, cがある．通信線の対地静電容量C_0，対地絶縁抵抗Rのとき，送電線路の平常運用時において，通信線に誘導される電圧を計算せよ．ただし，送電線の電位は，大地に対して対称とし，その線間電圧をV，角周波数をωとする．

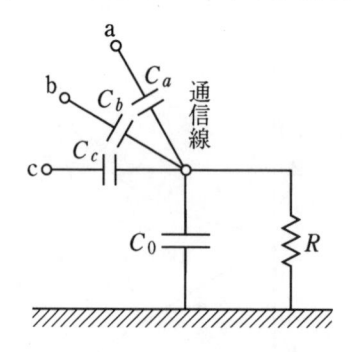

〔問題9〕超高圧送電線路において問題となる電波障害の発生原因およびその防止対策について述べよ．

〔問題10〕次の□□の中に適当な答を記入せよ．
電線に高電圧を加え，その表面に生ずる□□が一定の□□をこえると，電線の周囲の空気が部分的に□□し，電線の表面に微光を生ずる．これを□□という．

〔問題11〕次の□□の中に適当な答を記入せよ．
架空地線は，主として□□の目的で架設するものであるが，電線の□□インピーダンスの減少により，各種の□□の減衰を増大し，また，地絡故障の際の通信線に対する□□作用を遮へいする効果もある．

〔問題12〕中性点直接接地式送電系統において，同一地点における1線接地故障と2線接地故障の各場合，通信線に生ずる電磁誘導電圧の大きさを比較して論ぜよ．

〔問題13〕図のように電力線，遮へい線および通信線が平行している場合，通信線に誘導される電圧を求めよ．また，遮へい線は電力線，通信線のいずれに近く設けた方が効果があるかを説明せよ．

　Z_{12}＝電力線と通信線との間の相互インピーダンス
　Z_{1s}＝電力線と遮へい線との間の相互インピーダンス
　Z_{2s}＝通信線と遮へい線との間の相互インピーダンス

Z_s = 遮へい線の自己インピーダンス（接地抵抗を含む）
I_0 = 電力線の零相電流

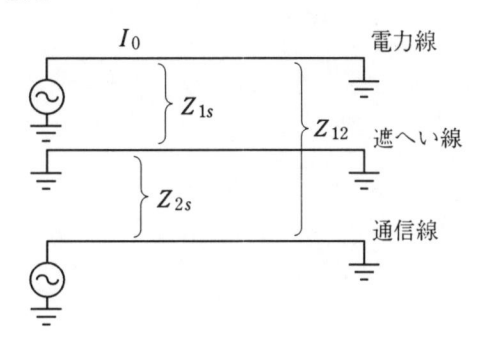

[問題14] 送電線から通信線におよぼす誘導障害を抑制，除去するために，どんな方法が採られているか述べよ．

[問題15] 架空送電線に大地を帰路とする起誘導電流 I_a [A] が流れたとき，架空地線の電流分布および電磁遮へい係数の算式を求めよ．

　（イ）ただし，架空地線（良導体使用）は1条とし，その大地帰路自己インピーダンスを Z [Ω/km] とする．

　（ロ）架空地線と起誘導送電線との間の大地帰路相互インピーダンスを Z_m [Ω/km] とする．

　（ハ）鉄塔の塔脚接地抵抗による架空地線の対地コンダクタンスは，連続的に，かつ，一様に分布しているものとみなし，分布定数回路としての大地帰路架空地線の分路アドミタンスを y [S/km] とする．

[問題16] 次の◻︎の中に適当な答を記入せよ．

　送電線にコロナが発生すると，◻︎を生ずるほか，送電線近傍におけるラジオ受信に障害を与える．送電線のコロナ発生を防止するため，電線の表面の◻︎を下げる方法として，電線の◻︎を大きくすることが採用されてきたが，近来，◻︎送電線では1相当たりの導体として，電線2～4条を一定間隔に保って使用する◻︎方式が採用されている．

索引

英字
SN比 12

ア行
アンペア・キロメートル 16

カ行
架空地線 23
起誘導電流 1, 13, 19
空気の破裂極限電位の傾き 1
グロー放電 1
コロナ 1
コロナの臨界電圧 3
コロナ雑音 10, 11, 12
コロナ損 7
コロナ電流 10
コロナ放電点 10
コロナ臨界電圧 3
故障電流 19

サ行
雑音電界の強さ 11
遮へい環 12
遮へい効果 17
遮へい線 23, 24
準波高値 11
消弧リアクトル接地系統 10
消弧リアクトル接地方式 19
障害波測定器 11
静電誘導 13
静電誘導電圧 17
相互インダクタンス 13, 16
相互キャパシタンス 13
総合低減係数 25

タ行
直接接地 21

通信線被誘導電圧
通信線被誘導電圧 13
低減係数 25
抵抗接地 20
電磁誘導 13
電磁誘導の対策 23
電線電位の傾き 2
電波障害 1
電離 1
等価半径 6

ハ行
非接地方式 19
火花放電 2
複導体 6
複導体のコロナ損 8
平均起誘導電流 16

マ行
密結合 26

ヤ行
誘導障害 13

d‒book
コロナと誘導障害

2000年11月9日　第1版第1刷発行

著　者　埴野一郎
発行者　田中久米四郎
発行所　株式会社電気書院
　　　　東京都渋谷区富ケ谷二丁目2-17
　　　　（〒151-0063）
　　　　電話03-3481-5101（代表）
　　　　FAX03-3481-5414
制　作　久美株式会社
　　　　京都市中京区新町通り錦小路上ル
　　　　（〒604-8214）
　　　　電話075-251-7121（代表）
　　　　FAX075-251-7133

印刷所　創栄印刷株式会社
ⓒ2000IchiroHano　　　　　　　　Printed in Japan
ISBN4-485-42938-5　　　　［乱丁・落丁本はお取り替えいたします］

R R　〈日本複写権センター非委託出版物〉

　本書の無断複写は，著作権法上での例外を除き，禁じられています．
　本書は，日本複写権センターへ複写権の委託をしておりません．
　本書を複写される場合は，すでに日本複写権センターと包括契約をされている方も，電気書院京都支社（075-221-7881）複写係へご連絡いただき，当社の許諾を得て下さい．